BEI GRIN MACHT SICH IHR WISSEN BEZAHLT

AF149253

- Wir veröffentlichen Ihre Hausarbeit,
  Bachelor- und Masterarbeit

- Ihr eigenes eBook und Buch -
  weltweit in allen wichtigen Shops

- Verdienen Sie an jedem Verkauf

Jetzt bei www.GRIN.com hochladen
und kostenlos publizieren

Bibliografische Information der Deutschen Nationalbibliothek:

Die Deutsche Bibliothek verzeichnet diese Publikation in der Deutschen National-
bibliografie; detaillierte bibliografische Daten sind im Internet über http://dnb.d-
nb.de/ abrufbar.

Dieses Werk sowie alle darin enthaltenen einzelnen Beiträge und Abbildungen
sind urheberrechtlich geschützt. Jede Verwertung, die nicht ausdrücklich vom
Urheberrechtsschutz zugelassen ist, bedarf der vorherigen Zustimmung des Verla-
ges. Das gilt insbesondere für Vervielfältigungen, Bearbeitungen, Übersetzungen,
Mikroverfilmungen, Auswertungen durch Datenbanken und für die Einspeicherung
und Verarbeitung in elektronische Systeme. Alle Rechte, auch die des auszugsweisen
Nachdrucks, der fotomechanischen Wiedergabe (einschließlich Mikrokopie) sowie
der Auswertung durch Datenbanken oder ähnliche Einrichtungen, vorbehalten.

Impressum:

Copyright © 2004 GRIN Verlag, Open Publishing GmbH
Druck und Bindung: Books on Demand GmbH, Norderstedt Germany
ISBN: 9783656058779

Dieses Buch bei GRIN:

http://www.grin.com/de/e-book/25251/quadernetze-herstellen-und-untersuchen-
verschiedener-quadermodelle-im

Christine Töltsch

Quadernetze: Herstellen und Untersuchen verschiedener Quadermodelle im Schulunterricht der 4. Klasse

In Quaderstadt - Auf der Suche nach verschiedenen Quadernetzen

GRIN Verlag

GRIN - Your knowledge has value

Der GRIN Verlag publiziert seit 1998 wissenschaftliche Arbeiten von Studenten, Hochschullehrern und anderen Akademikern als eBook und gedrucktes Buch. Die Verlagswebsite www.grin.com ist die ideale Plattform zur Veröffentlichung von Hausarbeiten, Abschlussarbeiten, wissenschaftlichen Aufsätzen, Dissertationen und Fachbüchern.

Besuchen Sie uns im Internet:

http://www.grin.com/

http://www.facebook.com/grincom

http://www.twitter.com/grin_com

Christine Töltsch (LAA)
VS Neuendettelsau

3. Besondere Unterrichtsvorbereitung

Schriftliche Unterrichtsvorbereitung zum Unterrichtsbesuch
am 01. April 2004

1. Unterrichtszeiteinheit

im Fach

Mathematik

4. Jahrgangsstufe

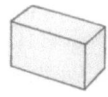

Thema:

In Quaderstadt –

Auf der Suche nach verschiedenen Quadernetzen!

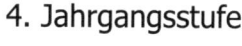

Lehrplanbezug

Der Umgang mit geometrischen Fragestellungen leistet einen wichtigen Beitrag für die Fähigkeitsentwicklung des einzelnen Kindes, seine Lebens- bzw. Erfahrungsumwelt zu erschließen.

Erst mit den grundlegenden Kompetenzen einer Raumvorstellung sowie der Fähigkeit, visuelle Informationen aufzunehmen und zu verarbeiten, kann die Umwelt differenzierter erkannt und durchdrungen werden. Die Geometrie hat also in der Grundschulmathematik einen ganz elementaren Stellenwert, denn sie schult effektiv die Orientierung des Schülers in seiner Umwelt.

Vor diesem Hintergrund wird im neuen bayerischen Lehrplan für Grundschulen (2000) dem Geometrieunterricht eine stärkere Bedeutung beigemessen. Der Lehrplan sieht für den Inhaltsbereich „Geometrie" in der 4. Jahrgangsstufe innerhalb der „Flächen- und Körperformen" (4.1.2) die Auseinandersetzung mit dem Quader als geometrischen Körper vor.

Die Schüler sollen im Laufe des Jahres durch Herstellen und Untersuchen verschiedener Quadermodelle, die Eigenschaften und Besonderheiten des Quaders kennen und unterscheiden können. Für die vorliegende Unterrichtseinheit ist besonders bedeutsam, dass auch die Abwicklung von Quadermodellen und die Erschließung der daraus entstandenen Netze im Lehrplan aufgeführt sind.

Einordnung in die laufende Sequenz

- **Unsere Flächenformen**

  → Wiederholung der Flächenformen (Quadrat, Rechteck, Dreieck und Kreis)

- **Wir wiederholen die Körperformen!**

  → handlungsorientierte Auseinandersetzung mit den Körpern (Würfel, Quader, Kegel, Kugel, Pyramide und Zylinder)

  → Erstellung von Steckbriefen zu den einzelnen Körpern

- **In Quaderstadt – Wir untersuchen den Quader genauer!**

  → Merkmale des Quaders (Ecken, Kanten und Flächen) vertiefen

- **In Quaderstadt – Auf der Suche nach verschiedenen Quadernetzen!**

  → vorliegende UZE

- **Wir spielen das Quaderstadt-Spiel!**

  → Kippbewegungen am Quader nach Plan (S. erstellen selbst Pläne)

Lernziele

Grobziel:

Die Schüler sollen verschiedene Möglichkeiten finden ein Quadernetz zu bilden.

Feinziele:

Die Schüler sollen...

... ihr Vorwissen zur Körperform des Quaders aktivieren und verbalisieren.

... in Gruppen nach Lösungsmöglichkeiten der Netzdarstellung suchen.

... ihr Vorgehen beim Abrollen des Quaders zeichnen und der Klasse präsentieren.

Sachanalyse

Einen geometrischen Körper bezeichnet man fachwissenschaftlich als „jede nichtlineare und nicht ebene vollständige abgeschlossene Teilmenge des als Punktmenge aufgefassten dreidimensionalen Raumes". Man unterscheidet Körper, die durch ebene Flächen (z.B. Würfel, Quader, Pyramide) oder aber durch gekrümmte Flächen (Kugel, Kegel, Zylinder) begrenzt sind.

Alle geometrischen Körper, die ausschließlich von ebenen Flächen begrenzt werden heißen Polyeder. Die Berührungslinie zweier Flächen heißt Kante. Der Punkt, an dem drei Flächen bzw. Kanten zusammenstoßen heißt Ecke. Wird der Körper zudem von zwei zueinander parallelen und kongruenten n-Ecks-Flächen begrenzt, so spricht man von einem Prisma.

Der Quader (Rechtkant, Rechtecksäule) stellt ein spezielles Prisma dar. Genauer gesagt, ist er ein vierseitiges gerades Prisma, dessen sechs Begrenzungsflächen paarweise kongruente Rechtecke sind, die jeweils nicht aneinandergrenzen. Die Schnittlinien der Begrenzungsflächen bilden die zwölf Kanten des Quaders, jeweils drei der Kanten treffen in den insgesamt acht Ecken aufeinander.[1]

Ein Quader, dessen Grundfläche ein Quadrat ist, heißt quadratische Säule. Sind alle Kanten gleichlang, so bezeichnet man ihn als Würfel.

Beim Quader unterscheidet man Massivmodelle, Kantenmodelle und Flächenmodelle (z.B. Streichholzschachtel).[2] Für diese Unterrichtseinheit ist das Flächenmodell des Quaders von Bedeutung. Flächenmodelle zeigen den Schülern die Anzahl und Art der Flächen auf. Die Herstellung kann auf verschiedene Weise geschehen:

- durch Aufschneiden und Auseinanderklappen von Körpern
- durch Abrollen und Umfahren der Körper („Schablone")
- durch Bemalen der Körperflächen und Abdruck auf Papier („Stempel")
- durch Zusammensetzen und Falten von Flächen.[3]

Insgesamt gibt es 54 verschiedene Quadernetze, doch können diese nicht alle dargestellt werden. Exemplarisch werden hier jene dargestellt, die man durch Abrollen des Quaders erhält:

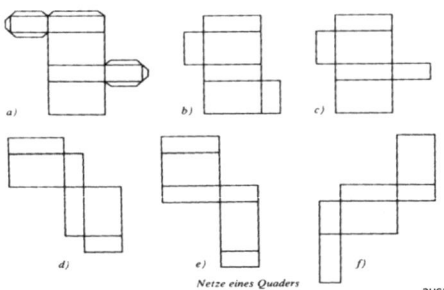

Netze eines Quaders

aus: Mitschka, A. Didaktik der Geometrie in der Sekundarstufe I, S. 26

Didaktische Reduktion

Durch die Auseinandersetzung mit räumlichen Verhältnissen und Formen trägt der Unterricht im Bereich Geometrie zur Orientierung in der Lebenswirklichkeit bei.

---

[1] vgl. Duden: Schülerhilfen Mathematik – Körper und ihre Berechnungen, S. 26f
[2] vgl. Radatz/Rickmeyer: Handbuch für den Geometrieunterricht an Grundschulen, S. 58
[3] vgl. Franke, M.: Didaktik der Geometrie, S.136 f.

In ihrem Alltag werden Kinder permanent mit geometrischen Körpern konfrontiert, ob in der Freizeit (Bälle, Spielwürfel), im häuslichen Bereich (Verpackungen, Haushaltsrollen), in Bauwerken (Häuser, Dächer) oder in der Kunst (Objektkunst).

Durch den Umgang mit den geometrischen Körpern wird die Raumvorstellung der Schüler ausgebildet, die ihnen die Möglichkeit gibt, sich in ihrer Umwelt, bestehend aus Formen, Figuren und Körpern, zurechtzufinden.[4] Räumliches Denken und Vorstellungsvermögen hilft den Kindern, ihren Lebensraum besser erfahren und einschätzen zu können. Darüber hinaus vermittelt der Geometrieunterricht zumeist eine positive Einstellung zum Fach Mathematik. Durch das konkrete Handeln mit Materialien, viele Aufgaben und Probleme mit „Spielcharakter" motivieren die Schüler. Außerdem lassen sich so wichtige Prinzipien wie aktives und entdeckendes Lernen, produktives Üben und handlungsorientiertes Lernen gerade im Geometrieunterricht erfolgreich umsetzen.

„Fast jedes Denken, jede kognitive Kompetenz bedient sich visueller, d.h. geometrischer Stützen. Die intellektuelle Entwicklung ist eng verbunden mit den Fähigkeiten, visuell dargebotene Informationen aufzunehmen, zu analysieren, zu speichern, mit ihnen in der Vorstellung zu operieren u. a.. So sind visuell-geometrische Erfahrungen und ein entsprechendes Können von grundlegender Bedeutung für die kognitive Entwicklung des einzelnen Schülers."[5]

In der Lebenswelt der Kinder kommen keine idealtypischen Körper vor. Sie müssen lernen, Gegenstände ihrer Umwelt als Körper zu begreifen, diese zu unterscheiden und mit den Fachtermini Würfel, Quader, Kugel, Kegel, Pyramide, Zylinder benennen zu können. Dies erleichtert die Kommunikation und das Ordnen von Gegenständen. Die Fachtermini sind nicht nur wie Vokabeln zu lernen, sondern mit den Körpernamen sollen sie auch bestimmte Eigenschaften verbinden.

Die Kinder übertragen in dieser Stunde ihr Wissen über Körper und Netze (Würfelnetze – 3. Schuljahr) und erweitern es dadurch, dass sie versuchen eine Vielzahl von verschiedenen Quadernetzen zu finden. Neben dem Richtziel der Sequenz, das räumliche Vorstellungsvermögen zu schulen, setzen sich die Kinder intensiv mit dem Quader auseinander, um bekanntes Wissen sowie neue Erkenntnisse zu verinnerlichen. Piaget geht davon aus, dass sich Denken als verinnerlichtes Handeln interpretieren lässt, demnach verinnerlichen Kinder geometrische Begriffe und Merkmale über konkrete Handlungserfahrungen.

Durch die Form der Aufgabe können sich die Kinder intensiv und selbstständig mit der Thematik auseinandersetzen und haben die Chance selbst Lösungsstrategien zu entwickeln. Überprüfungsmöglichkeiten sind dadurch gegeben, dass die Kinder das Netz zusammenklappen können. Durch den Auftrag, dass die Schüler Möglichkeiten finden sollen Netze bilden,

---

[4] vgl. Radatz/Schipper/Dröge/Ebeling, 1999, S. 159
[5] Radatz/Rickmeyer: Handbuch für den Geometrieunterricht an Grundschulen, S. 7

wird auch der Aspekt der Figurenkongruenz behandelt. Das Abrollen und Umfahren der jeweiligen Seitenfläche führt zu unterschiedlichen Quadernetzen.

Die Kinder sollen durch das Ausführen verschiedener Kippbewegungen mit Quadern ihr geometrisches Vorstellungsvermögen erweitern. Als Kippbewegungen bezeichnet man das Abrollen eines Körpers über seine Kanten. Diese Kippbewegungen ermöglichen viele abwechslungsreiche und reizvolle Aufgabenstellungen, die vor allem für die Kopfgeometrie geeignet sind und in der nachfolgenden Einheit vorkommen.

Die Schüler können entdecken, dass es Netze gibt die „scheinbar" verschieden sind aber bei genauerem Betrachten doch gleich. Auch hier wird in besonderer Weise wieder das Vorstellungsvermögen geschult. Aber auch „falsche" Netze können durch die Kinder erkannt werden. Die Kinder sollen verschiedene Netze finden, diese Aufgabe spricht ihre Problemlösefähigkeit und ihre Kreativität an.

Individuallage

xxx

Methodischer Entwurf

→ **Plan der Durchführung**

Zeit	Unterrichtsverlauf	Merkhilfen	Kommentar
0	**Vorbereitung**	Sitzkino	→ Symbolfigur u. Modell dienen der Identifikation - kindgemäß
	Aktivierung des Vorwissens		*alternativ:*
	L. stellt „Quaderstadt"-Modell auf - Bild von Sina als Bezugsperson	→ Modell „Quaderstadt"	- zeigen eines Quaders als stummer Impuls auch möglich, aber Modell dient hier gleichzeitig zur Hinführung
	→ S. äußern sich dazu (nennen Merkmale des Quaders – Ecken, Kanten Flächen)		
	evtl. Impuls L.: *„Sina muss sich erst an Quaderstadt gewöhnen – sie ist aus Würfelfeld hergezogen – du kannst dir sicher vorstellen, warum sie sich fremd fühlt!?"*	→ einz. Quader zum zeigen	→ Unterschied Würfel – Quader als Bestandteil des Vorwissens
3	***Hinführung zum geometrischen Sachverhalt***		→ Wiederholung des Vorwissens und Sammlung der Gedanken auf die Sache hin – wichtig!!!
	L.: *„Sina ist neu in Quaderstadt und sie hat noch keine Freunde – zuhause hat sie meist mit ihren Kameraden mit Würfeln gespielt – nun ist ihr ziemlich langweilig. Sie schaut sich draußen ein wenig um und plötzlich hört sie Kinderstimmen. Als sie näher kommt und schauen will was dort vor sich geht, spricht sie ein Junge aus der Gruppe an und fragt was sie denn hier will – Sina erklärt, dass sie gerne mitspielen würde. Der Junge lacht nur und stellt ihr eine Aufgabe mit Bedingung."*	→ Lehrererzählung	*alternativ:* → Tonbandaufnahme – war aus zeitl. Gründen nicht mehr möglich
			→ „spielen" als kindgemäße Situation
			→ Mitspielen dürfen, ist oft an Bedingung geknüpft, auch hier – Sina muss sich erst beweisen
	„Sina soll einen Quader bekleben, so dass an keiner Fläche Papier übersteht, aber sie darf nur ein großes Blatt Papier, einen Stift und einen Quader benutzen und sonst nichts – und das Wesentliche: das Papier, mit dem sie den Quader bekleben, muss an einem Stück sein – also keine Einzelteile!	→ Aufgabenstellung	→ zeigen der Hilfsmittel – Verdeutlichung der Schwere der Aufgabe
	L. zeigt Hilfsmittel – Quader, Papier, Stift	→ Quader → Papier DIN A3 → Stift	→ Vermutungen nur kurz, da eigentliche Lösungsplanung in GA geschieht
	→ S. äußern ihre Vermutungen dazu		
7	***Zielformulierung – geometrische Problemstellung***	→ Ziel an TA	→ Zielformulierung (Problemstellung) wird fixiert → für alle ersichtlich
	L.: *„Deine Aufgabe in der Gruppe ist es heute herauszufinden, welche Möglichkeiten Sina hat, den Quader zu bekleben."*		

	lichkeiten Sina hat, den Quader zu bekleben."		alle ersichtlich
	TA "Welche Möglichkeiten gibt es den Quader zu bekleben?" L. heftet Utensilien an die Tafel	→ Bildkarten	→ Bildkarten zum Verdeutlichen der Situation
	L.: "Erarbeitet einen Plan für Sina, so dass es ganz klar wird, wie sie vorgehen muss, um die Aufgabe zu erfüllen." → S. wiederholen AA		→ L. nennt AA – wichtig: Wiederholung durch S.
10	**Erarbeitung** *Problemuntersuchung durch geometrisches Handeln*	Gruppentische bilden → verteilen der Utensilien	→ Bilden der Gruppentische – Ruhe!!!
	→ S. arbeiten in GA – besprechen ihre Vermutungen zur Lösungsplanung, bilden Strategien und setzten diese um	→ GA evtl. Zusatzpapier	→ evtl. Hilfsimpulse durch L. nötig, z.B. • bei der Lösungsplanung • genaues Umfahren der Kanten
	→ Quadernetze entstehen durch Abrollen des Quaders u. Umfahren der Flächen	→ zurückstellen der Gruppentische	→ Herstellen der alten Sitzordnung – Bezug zur folgenden PA
25	*Vorstellung der Lösungsmöglichkeiten* L.: "Sicher konntest du bei ihrer Aufgabe behilflich sein."	→ Sitzkino	→ Sitzkino nur möglich, wenn normale Sitzordnung – Platzmangel!
	→ S. präsentieren ihre Netze im Sitzkino und erklären ihr Vorgehen		→ S. verbalisieren ihre Vorgehensweise
	→ Möglichkeiten werden überprüft – durch Abrollen des Quaders L. heftet Vorschläge an die Tafel	→ Quader → Magnete	→ Überprüfung wichtig zum Nachvollziehen
35	*Erkenntnisgewinnung – entdecken geometrischer Beziehungen* L.: "Eure Vorschläge für Sina sehen zwar unterschiedlich aus, doch haben sie alle etwas gemeinsam."	→ Filzstifte	→ Rückgriff auf Vorwissen – (Quader = 6 Flächen, ...)
	→ S. äußern sich dazu und zeigen an TA (sechs Flächen – immer zwei sind gleich groß) → markieren die gegenüberliegenden Flächen mit der gleichen Farbe		→ Verdeutlichung durch farbige Kennzeichnung
	L.: "Vielleicht kennst du auch einen Namen für diese Gebilde." → S. äußern sich		→ Begriff "Würfelnetze" evtl. noch bekannt aus 3. Schuljahr

	evtl. gibt L. Fachbegriff „Quadernetz" vor		
45	**Anwendung** → S. bekommen jeweils selbst einen kl. Quader, um Netz zu erstellen → ausschneiden und aufkleben auf AB	→ kl. Quader	→ wird evtl. weggelassen - je nach Zeit, sonst in Folgestunde
50	**Abschluss** L.: „*Du hast Sina heute prima geholfen – erkläre noch einmal kurz wie sie am Besten vorgehen sollte, um ein Quadernetz zum Bekleben herzustellen!*" → S. äußern sich (Quader auflegen, Fläche umfahren, kippen, …)	→ AB für Hausaufgabe	→ Wiederholung des Stundeninhalts – dient der Festigung
	L.: „*In der nächsten Stunde, werden wir dann gemeinsam das Spiel aus Quaderstadt spielen – ich bin gespannt ob es dir genauso viel Freude bereiten wird.*"		→ Rückbesinnung auf Ausgangslage
	L. verteilt AB als HA – herausfinden der Quadernetze und markieren der Flächen		→ Transfer auf andere Quadernetze

Tafelbild

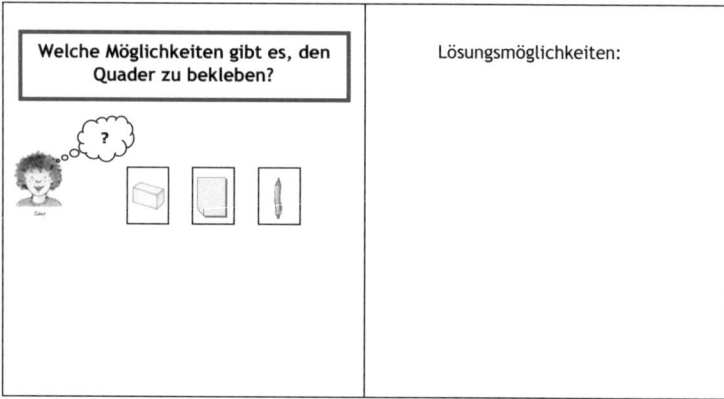

Welche Möglichkeiten gibt es, den Quader zu bekleben?	Lösungsmöglichkeiten:

Verwendete Literatur

- **Duden:** „Schülerhilfen Mathematik - Körper und ihre Berechnungen"; Mannheim 1992

- **Franke, M.:** „Didaktik der Geometrie", Spektrum-Verlag, Heidelberg/Berlin 2000

- **Maras, R.:** „Unterrichtsgestaltung in der Grundschule"; Auer Verlag, Donauwörth 2003

- **Mitschka, A.:** „Didaktik der Geometrie in der Sekundarstufe I"; Herder Verlag, Freiburg 1983

- **Radatz, H./ Rickmeyer, K.:** „Handbuch für den Geometrieunterricht an Grundschulen"; Schroedel Verlag, Hannover, 1991

- **Radatz/Schipper/Dröge/Ebeling:** „Handbuch für den Mathematikunterricht. 4. Schuljahr"; Schroedel Verlag, Hannover 2000

BEI GRIN MACHT SICH IHR WISSEN BEZAHLT

- Wir veröffentlichen Ihre Hausarbeit,
  Bachelor- und Masterarbeit

- Ihr eigenes eBook und Buch -
  weltweit in allen wichtigen Shops

- Verdienen Sie an jedem Verkauf

Jetzt bei www.GRIN.com hochladen
und kostenlos publizieren